YOUR KNOWLEDGE HAS VALUE

- We will publish your bachelor's and
  master's thesis, essays and papers

- Your own eBook and book -
  sold worldwide in all relevant shops

- Earn money with each sale

Upload your text at www.GRIN.com
and publish for free

Ahmed Harb Rabia

Fertilizers Solubility and Absorption by Plants

GRIN Verlag

ذوبان الأسمدة و إمتصاصها بواسطة النبات

Fertilizers solubility and absorption by plants

أحمد محمد حرب

Ahmed Harb Rabia

To my Father's soul, Mother and Sisters.,

There is no expression to describe my gratitude to you but the word

"I Love You".

الفهرس

1. المقدمة:

من الملاحظ أننا لا نأخذ في اعتبارنا عند دراستنا لتواجد الماء في التربة وحركته خلالها الحقيقة الواقعة أن الطور السائل في الأرض ليس سائلا نقيا ، فالماء الذي يدخل الأرض كمطر أو بواسطة الرى هو نفسه عبارة عن محلول. صحيح أن ماء المطر يكون ماء نقيا عندما يتكثف ليكون السحب ، ولكن الذي يحدث أن انه بمجرد أن يبدأ في السقوط خلال الغلاف الجوى فانه يذيب الغازات الحيوية مثل ثاني أكسيد الكربون والأكسجين ، وغالبا ما يذيب نواتج النشاط الصناعي مثل اكاسيد الحديد والنيتروجين ، وكذلك الأملاح التي تدخل الهواء الجوى مع رذاذ مياه البحار والمحطيات. أما مياه الرى فمصادرها الانهار أو الخزانات السطحية أو الجوفية وكلها تحتوى على كميات لابأس بها من الأملاح المذابة. فإذا ما دخل الماء التربة فانه يذيب مواد أخرى من الأرض ويتراوح تركيز المواد المذابة ما بين 0.5 - 10 ملليجرام/ لتر في ماء المطر إلي 1000 ملليجرام / لتر في مياه الرى ويصل التركيز إلي 10000 مليجرام/لتر في مياه الصرف من الأراضي المتأثرة بالأملاح.

واثناء الرحلة التي يقطعها الماء خلال القطاع الأرضي، فانه يحمل معه بعض المواد المذابة، ويترك وراءه البعض الآخر، وهذه المواد قد تدمص على سطوح الحبيبات أو تمتص بواسطة النباتات أو تترسب عندما يزيد تركيز المواد المذابة عن ذائبيتها، كما يحدث أثناء عملية البخر من سطح التربة. وتتحرك المواد المذابة ليس فقط مع تيار الماء ولكن أيضا خلال الماء تحت تأثير فروق التركيز وتدرجاته. ويحدث أثناء حركة الماء بالقطاع أن المواد المذابة تتفاعل مع بعضها البعض ومع الصورة الصلبة ، وتتأثر هذه التفاعلات بعوامل كثيرة ومتغيرة مثل الحموضة ، ودرجة الحرارة ، وجهد الأكسدة والاختزال ، وتركيب الوسط ، وتركيز المحلول.

اذن ......

حركة الماء النقي ≠ حركة الماء الارضي (الطور السائل)

من هنا تدور فكرة الكتاب حول ذوبان الاسمدة في الماء وامتصاص هذه الاسمدة بواسطة النبات

وعليه فان النقاش سوف ينقسم الي شقين هما :

- ذوبان الاسمدة في الماء .
- امتصاص الاسمدة (العناصر) بواسطة النبات

2. ذوبان الاسمدة في الماء:

2.1. توزيع الماء الارضي:

الشكل التالي (شكل 1) يوضح توزيع الماء الارضي ونسبة امتصاص جذور النبات للماء الارضي من كل طبقة.

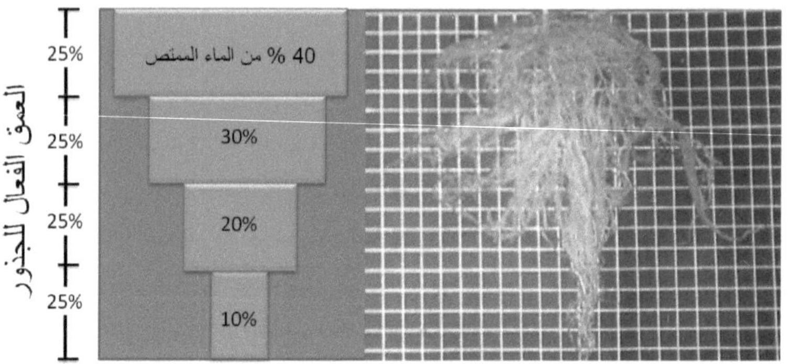

شكل 1: توزيع العمق الفعال للجذور في القطاع الارضي و نسبه الامتصاص لكل عمق.

يسمى عمق التربة الذى تحصل عليه النباتات على معظم حاجتها من الماء **بالعمق الفعال للجذور**. وتعتبر هذه الخاصية متغيرة جدا ، لانها تختلف فيما بين النباتات ، وبتغير ظروف وفرة الماء فى التربة ، أو حسب التغير فى الظروف المناخية خارج التربة. وجدير بالذكر ، أن العمق الفعال لجذور النباتات يجب أن يوفر ما مقداره 80 فى المائة أو أكثر من اجمالى الماء الذى يفقد من التربة عن طريق البخر والنتح معا. وما دام هذا صحيحا ، يمكن الحصول على تقديرات صحيحة لاجمالى الماء المستهلك فى انتاج نبات محصول معين عن طريق قياسات تقتصر فقط على العمق الفعال للجذور.

عندما تكون كمية الماء المتيسر كافية فى كل الأوقات ، غالبا ما يزال معظم الماء بواسطة النباتات من الطبقة السطحية للتربة. ولكن عند اعتبار الكمية الكلية المستخلصة من الماء ، تكون النسبة الممتصة من التربة السطحية أقل فى حالة النباتات عميقة الجذور

مقارنة بالنباتات ضحلة الجذور. والعلاقة الموضحة فى الشكل (2) تبين أنماطا عامة لاستخلاص الماء تمثل ثلاثة أصناف من العمق الفعال للجذور. ويلاحظ أن عددا قليلا فقط من النباتات تكون قادرة على امتصاص أية كمية معتبرة من ماء التربة بعد أقصى عمق وهو 180 سم الموضح فى الشكل ، شريطة توفر الماء لهذه النباتات بكميات كافية معظم الوقت . اذا لم يحافظ على التربة فى حالة رطبة باستمرار أو تركت لتجف لفترات طويلة نسبيا بين اضافات الماء ، سوف يتغير نمط ازاحة الماء بدرجة ملحوظة.

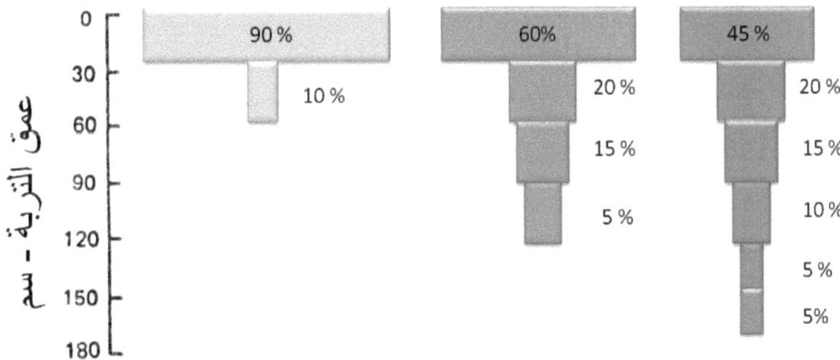

شكل 2: الانواع المختلفه من العمق الفعال للجذور وانتشارها في القطاع الارضي.

2.2. تشجيع الجذور علي تحرير العناصر:

تشجع الجذور تحرر العناصر المغذية من المعادن بطريقتين:

إحداهما **بزيادة حمضية التربة**، وبالتالي ذوبان المعادن التي تخزن فيها العناصر الغذائية (تساهم الجذور بزيادة حمضية التربة لأنها تنتج غاز CO_2 ، الذى يتحد مع الماء مكونا حمض الكربونيك (H_2CO_3) ، كما أنها تقوم بإفراز كميات قليلة من الأحماض ، بعضها عضوي ، مباشرة في محلول التربة).

أما الطريقة الثانية التي تحث بها الجذور تحرر العناصر المغذية فتتم من خلال **امتصاص الأيونات من محلول التربة**. فالامتصاص بواسطة الجذور يمنع حدوث تشبع لمحلول

التربة بالأيونات الناتجة عن تجوية المعادن مما يساعد على استمرارية تحرر الأيونات.

2.3. **خطوات حصول النبات علي عنصر غذائي من الجزء الصلب هي:**

1. تحول العنصر من الحالة الصلبة الي الحالة السائلة في المحلول الارضي

2. تحرك الايون من اي نقطة في المحلول الارضي الي جوار الجذر

3. انتقال الايون من قرب الجذر الي داخل الجذر

4. انتقال الايون الي اعلي النبات

2.4. **ذوبان الاسمدة المختلفة في الماء:**

تختلف الاسمدة المتنوعة من حيث قدرتها علي الذوبان في الماء. والجدول (1) التالي يوضح ان نسبة ذوبان الاسمدة في الماء تتراوح من 10 % وحتي 66 %.

جدول 1: درجة ذائبية عدد من الاسمده الشائع استخدامها في مختلف درجات الحراره.

Fertilizer / Temperature (C˚)	Solubility g/l					
	5	10	20	25	30	40
Potassium nitrate	133	170	209	316	370	458
Ammonium nitrate	1183	1510	1920	-	-	-
Ammonium sulfate	710	730	750	-	-	-
Calcium nitrate	1020	1130	1290	-	-	-
Magnesium Nitrate	680	690	710	720	-	-
MAP (Mono Ammonium Phosphate)	250	295	374	410	464	567
MKP (Mono Potassium Phosphate)	110	180	230	250	300	340
Potassium chloride	229	238	255	264	275	-
Potassium sulfate	80	90	111	120	-	-
Urea	780	850	1060	1200		

وحتي لنفس نوع العنصر فان انواع الاسمدة المختلفة لنفس العنصر تختلف فيما بينها في مدي الذائبية في الماء. مثال علي ذلك اسمدة الفوسفور التي يوضح جدول 2 الاختلاف الكبير فيما بينها من حيث الذائبية في الماء وكذلك في محلول سترات الامونيوم. حيث يعرض الجدول قائمة تبين قيم الفوسفور القابل للذوبان فى الماء والقابل للذوبان فى محلول السترات لعدد من أسمدة الفوسفات الأكثر شيوعا (شكل 3).

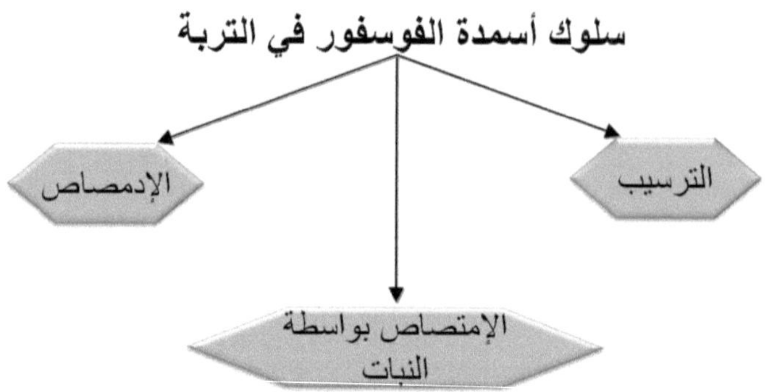

شكل 3: يوضح أنواع سلوك أسمدة الفوسفات في التربة.

ويلاحظ أن القيم المبينة بالجدول تغطى فى الغالب مدى يعكس ، بالدرجة الأولى ، التباين بين منتجات مصانع مختلفة. فمثلا ، تحدد درجة معاملة السماد بالأمونيا، والتى تختلف من علامة تجارية الى أخرى ، نسبة الفوسفور الذائب فى الماء الى الفوسفور الذائب فى السترات بالسوبر فوسفات المعامل بالأمونيا والفوسفات النتراتى. بصفة عامة ، تؤدى زيادة درجة المعاملة بالأمونيا الى خفض الجزء القابل للذوبان فى الماء وزيادة الجزء القابل للذوبان فى السترات وذلك نتيجة لتحويل فوسفات أحادى الكالسيوم الى فوسفات ثنائى الكالسيوم. لكنه يلاحظ ان تغير نسبة هذين الجزئين لا تغير بالضرورة درجة تصنيف السماد من حيث محتواه من الفوسفور المتيسر. وتفسر هذه الحقيقة سبب أن مدى الفوسفور المتيسر فى حالة السوبر فوسفات المعامل بالأمونيا والفوسفات النترانى كما هو موضح بالجدول (2) يعتبر أقل مقارنة بمدى وجود أى من الأجزاء الذائبة فى الماء أو السترات فى هذه الأسمدة (Eranani and Barber, 1991).

جدول 2: مدي ذائبية الفوسفورفي الماء و في محلول سترات الأمونيوم بتركيز 15% و قيم الفوسفور المتيسر المقابله لبعض أسمده الفوسفور الأكثر أهمية (جميع القيم تقريبيه في صورة نسبة مئويه من الفسفور الكلي في السماد).

الفوسفور (P) المتيسر	الذوبانية		السماد
	فى محلول سترات الأمونيوم	فى الماء	
95–98	10–30	70–90	سوبر فوسفات
100	–	100	فوسفات الأمونيم (أورثو و بولى)
100	–	100	أحماض الفوسفوريك (أورثو و بولى)
80–95	50–70	20–50	سوبر فوسفات معامل بالأمونيا
80–95	50–70	20–50	فوسفات نتراتى
50–70	50–70	0	فوسفات معامل حرارياً
5–15	5–15	0	فوسفات صخرى مطحون
40–60	40–60	0	عظام مطحونة (bone meal)
50–85	50–85	0	سلاق أو جفاء أساسى (basic slag)

الشكل 4 يوضح ذوبان حبيبة صخر الفوسفات في التربة حيث يؤثر تحرك بخار الماء علي بدأ ذوبان الحبيبة ويتكون حامض الفوسفوريك في محيط الحبيبة الامر الذي يؤدي الي خفض pH المحلول الارضي بجانب الحبيبة الي 1.5 مما يتسبب في ذوبان اجزاء اخري من الحبيبة وزيادة كمية حامض الفوسفوريك في المحلول الارضي وبمرور الوقت يحدث تحلل تام للحبيبة ويعود pH المحلول الارضي للارتفاع ويتكون مركبات الفوسفور في التربة مثل فوسفات الكالسيوم احادي الهيدروجين.

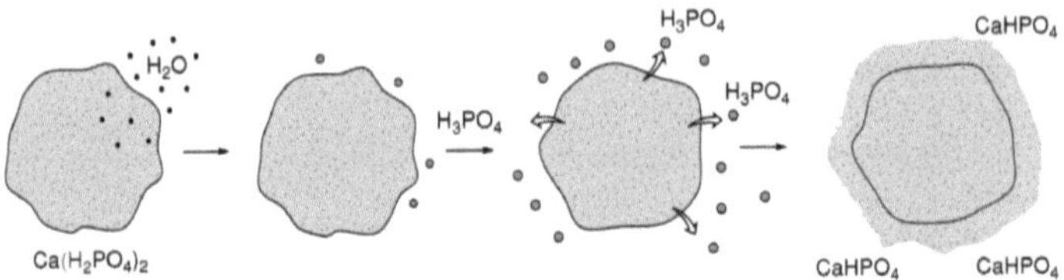

شكل 4: خطوات تحلل حبيبة سماد فوسفاتي في المحلول الارضي.

2.5.   حركة السماد داخل التربة:

تعتمد حركة السماد دخل التربة من حيث المسافة ومعدل الحركة علي العديد من العوامل

منها:

1. نوع السماد
2. معدل الاضافة
3. خصائص التربة
4. المادة العضويه
5. الظروف الجوية (الامطار - التهوية – درجة الحرارة)

2.6.   تاثير ذائبية اسمدة الفوسفات علي المحصول:

الشكل 5 يوضح انه بزيادة نسبة الذوبان من الفوسفور في المحلول الارضي تزداد كمية المحصول الناتج . كما انه بزيادة كمية الفوسفور المضاف يزداد المحصول ايضا مع ثبات نسبة الذوبان في الماء.

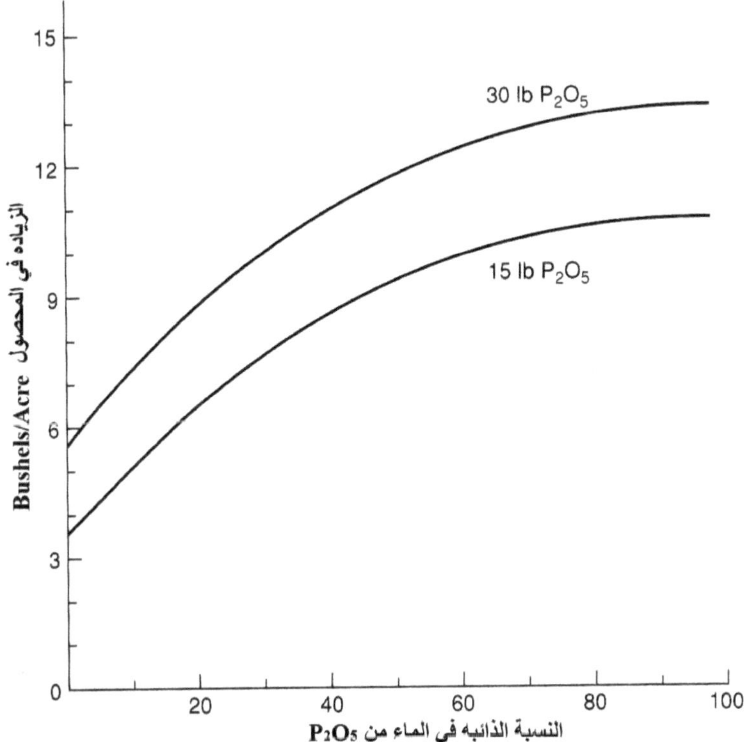

شكل 5: يوضح العلاقه بين معدل اضافة وذوبان سماد الفوسفات في الماء الارضي وبين معدل زيادة محصول الذره (Webb *et al.*, 1961).

3. امتصاص الاسمدة (العناصر) بواسطة النبات:

3.1   صور العناصر التي تمتصها النباتات:

تضم القائمة المبينة بالجدول (3) الصورة الأيونية الأساسية للعناصر المغذية التي تستفيد منها النباتات . ويلاحظ بان بعض العناصر يتم امتصاصها في صورة كاتيونات فقط ،

بينما تمتص عناصر أخرى في صورة أنيونات فقط. ويستثنى من ذلك النيتروجين الذي يمكن امتصاصه والاستفادة منه بواسطة النباتات عندما يوجد في صورة أما كاتيونية NH_4^+ أو أنيونية NO_3^-.

يتم امتصاص جميع العناصر المغذية بواسطة النباتات في صورة ذائبة ، ولكن قليل منها فقط قد يأتى وبكميات معتبرة من مواقع التبادل . وتشمل المغذيات التي تتوفر معظمها في صورة أيونات متبادلة كل من الكالسيوم Ca^{2+} والمغنيسيوم Ma^{2+} والبوتاسيوم K^+.

ولكن عندما يكون مستوى الكالسيوم والمغنسيوم المتبادلين مرتفعا فان تركيزهما في الصورة الذائبة يكون مرتفعا أيضا . وتحت هذه الظروف، من المحتمل أن يأتى مباشرة معظم Ca^2 , Mg^2 الممتص بواسطة النبات من محلول التربة (Soil Solution).

وخلافا للكاتيونات المغذية الكبرى الثلاثة التي تم تناولها آنفا ، فان الكاتيونات المغذية الصغرى نادرا ما توجد بكميات أعلى كثيرا من آثار (trace) وبعكس الكاتيونات فان الانيونات المغذية لا يتم امتصاصها بواسطة معقد التبادل في التربة لذلك فانها تكون متيسرة للنبات فقط عندما تكون في صورة ذائبة.

وعلى الرغم من اعتبار أن العناصر المغذية المتبادلة متيسرة ، إلا انه لا يمكن امتصاصها بواسطة النباتات ما لم يتم استبدالها من سطوح حبيبات التربة بأيونات أخرى. ويمكن القول بأن أي كاتيون ذائب يمكن أن يستبدل عنصرا مغذيا متبادلا ، لكن كاتيون الهيدروجين H^+ هو الأكثر مشاركة في حدوث ذلك . ويبدو أن المصدر الأساسي لأيون الهيدروجين الذي يرتبط بتحرر وامتصاص العناصر المغذية هو جذور النباتات .

جدول 3: الصور الآيونيه الاساسيه للعناصر المغذيه التي تمتصها النباتات.

الأنيونات	الكاتيونات	العنصر
		العناصر الكبرى
NO_3^-	NH_4^+	النيتروجين
	Ca^{2+}	الكالسيوم
	Mg^{2+}	المغنسيوم
	K^+	البوتاسيوم
$H_2PO_4^-$, HPO_4^{2-}		الفوسفور
SO_4^{2-}		الكبريت
		العناصر الصغرى
	Cu^{2+}	النحاس
	Fe^{3+}	الحديد
	Mn^{2+}, Mn^{4+}	المنجنيز
	Zn^{2+}	الزنك
BO_3^{3-}		البورون
MoO_4^{2-}		المولييدينوم
Cl^-		الكلور

3.2   انتقال العناصر الغذائية الذائبة إلي النباتات:

توجد ثلاث آليات مسؤولة بدرجة كبيرة عن حركة العناصر الغذائية الذائبة في الماء إلي جذور النباتات وهم التدفق الكتلى (Mass Flow)، والانتشار (Diffusion) و التبادل بالتلامس او يعرف ايضا بالاعتراض الجذري (Root Interception).

3.2.1 التدفق الكتلى هو عبارة عن حركة الأيونات مع ماء التربة. وتكون هذه الآلية هي الأكثر فاعلية في توصيل العناصر المغذية للنباتات عندما يكون انسياب الماء ناتجا عن قوى الامتصاص للجذور وبذلك تكون دائما في اتجاه الجذور . كما أن التدفق الكتلى يساهم أيضا في انتقال العناصر حيث تتحرك المياه إلي أسفل في الصرف أو إلي أعلى بالخاصية الشعرية.

3.2.2 الإنتشار هى الآلية الثانية الهامة لانتقال المغذيات الذائبة ،فانها تحدث بسبب وفى اتجاه التدرج فى تناقص التركيز. وتحدث مثل هذه التدرجات عندما تمتص النباتات الأيونات وتخفض بذلك تركيزها بالقرب من الجذور مقارنة بتركيزها في محلول التربة الذي يحيط بها. ويستمر انتشار الأيونات في اتجاه الجذور طالما ظل هناك اختلاف في التركيز. ويعتبر الانتشار ،كآلية لتوفير العناصر المغذية ، ذو أهمية قصوى بالنسبة للمغذيات التي توجد عند تركيزات منخفضة في محلول التربة. وينطبق ذلك بشكل خاص على العناصر المغذية التي تنتج عن المعادن التي تتجوى ببطء والمواد التي تتحلل ببطء. وخلافا للانتشار فان ، التدفق الكتلى يعتبر الوسيلة الأساسية لنقل المغذيات التي توجد بتركيزات عالية نسبيا في محلول التربة. وتأتى هذه المغذيات بالدرجة الأولى من المركبات سهلة الذوبانية ، مثل الأملاح الطبيعية أو الأسمدةالكيماوية أو من استبدال الأيونات المتبادلة وخاصة Ca^2 , Mg^2 وإذا تسببت آلية التدفق الكتلى في توصيل أيون معين بكميات أعلى مما يمكن للنباتات امتصاصه فان الزيادة تميل إلي التراكم خارج الجذور(يؤدى تراكم الأيونات في هذه الحالة إلي خلق تدرج في التركيز

يتسبب في حدوث انتشار بعيدا عن الجذور ، وبالتالي ضد التدفق الكتلى في اتجاه الجذور). ويبدو أن هذا التأثير ينطبق بشكل خاص على الكالسيوم . ففى الترب القاعدية وعلى سبيل المثال ، يتوفر Ca أحيانا بكميات عالية جدا عن طريق التدفق الكتلى مما يتسبب في ترسيبه على صورة$CaCO_3$ حول جذور النباتات المعمرة .

3.2.3. التبادل بالتلامس هي الآلية الثالثه في آليات انتقال العناصر الي داخل النبات و يطلق عليها ايضا الاعتراض الجذري حيث تعتمد هذه الطريقه علي تبادل الايونات مباشرة مابين الجذر وحبيبات التربه الملاصقه له. و يبين الشكل 6 الآليات الثلاثة الأساسية لانتقال العناصر المغذية للجذور. وقد تم تمثيل **التبادل بالتلامس** بالمنطقة I في الشكل ، حيث يلاحظ اسنبدال أيون H^+ من الجذور لأيون مغذى متبادل ، الذي يهاجر فيما بعد عائدا إلي الجذور. وتجدر الإشارة إلي أن هذه الآلية يكون لها أعظم تأثير عندما يلامس الجذر حبيبة التربة تماما . وتوضح المنطقة II مسارا تتبعه أيونات تشارك في **الانسياب الكتلى.** أما المنطقة III فهي تمثل توزيع الأيونات المنتشرة نحو الجذور وفق تدرج في التركيز(**الانتشار**). وتظل الأيونات المنتشرة عند تركيزات عالية نسبيا بعيدا من الجذور نتيجة للذوبان المستمر للحبيبة المعدنية. بينما يوضح الجدول 4 اختلاف قيم امتصاص العناصر بواسطة الجذور حسب الطريقة المستخدمة للامتصاص بانسبة لكل نوع عنصر.

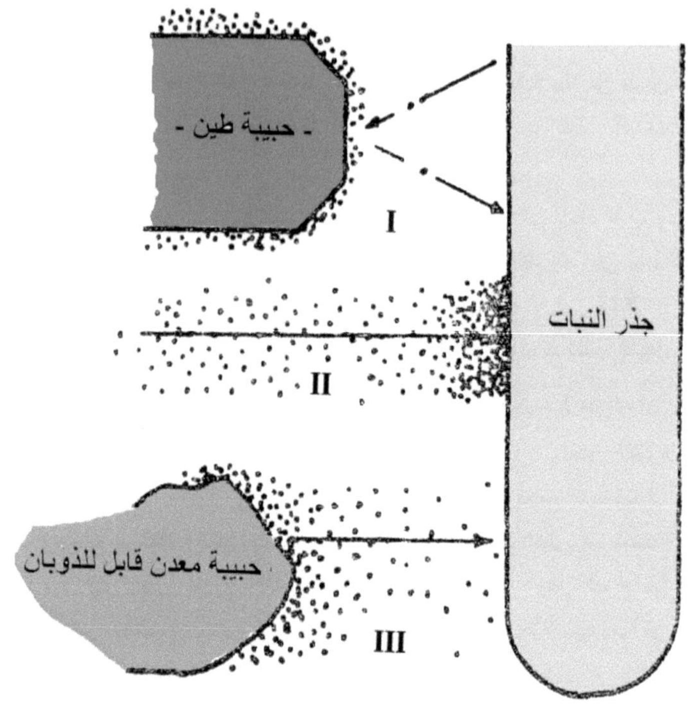

شكل 6: آليات انتقال العناصر من التربه الي داخل جذر النبات.

جدول 4: متوسط كمية العنصر الداخل الي جدر النبات حسب آلية الدخول وذلك في حالة جدور نبات الذره (Barber, 1984).

Nutrient	Amount of Nutrient Required for 150 bu/a of Corn (lb/a)	Percentage Supplied by		
		Root Interception	Mass Flow	Diffusion
Nitrogen	170	1	99	0
Phosphorus	35	3	6	94
Potassium	175	2	20	78
Calcium	35	171	429	0
Magnesium	40	38	250	0
Sulfur	20	5	95	0
Copper	0.1	10	400	0
Zinc	0.3	33	33	33
Boron	0.2	10	350	0
Iron	1.9	11	53	37
Manganese	0.3	33	133	0
Molybdenum	0.01	10	200	0

4. التعبير الرياضي عن التبادل الايوني:

يعبر عن التبادل الايوني بمعادلات مختلفة تنقسم الي :

4.1 معادلات طبيعية:

وفيها يفترض ان تفاعلات التبادل الايوني مشابهة لإدمصاص الغازات علي السطوح الصلبة. ومن هذه المعادلات :

أ – معادلة فروندلخ

ب- معادلة لانجوموير

4.1.1 مثال للمعادلات الطبيعية:

معادلة فروندليخ Freundlich والتي تنص علي :

$$x/m = K\,C_o^{1/n}$$

حيث ان:

x/m : الكمية المدممصه من الايون لوحدة الكتله

Co : تركيز التوازن

m, k, n : ثوابت المعادله

و يوضح الشكل 7 سلوك معادلة فروندليخ في الطبيعه.

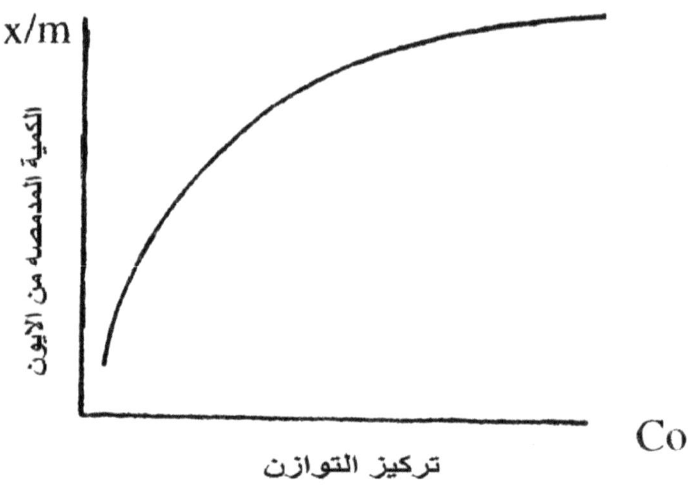

شكل 7: يوضح العلاقه بين تركيز التوازن و الكمية المدمصه من الايون بناءً علي معادلة فروندليخ.

4.2.   معادلات كيميائية:

وفيها يفترض ان تفاعلات التبادل الايوني تفاعلات كيميائية يتبادل فيها ايونين علي سطح الارض وانها تتبع قانون فعل الكتلة. ومن هذه المعادلات:

أ- معادلة كير

ب- معادلة فانزلو

جـ - معادلة جابون

د — معادلة ديفي

4.2.1. مثال للمعادلات الكيميائية:

معادلة كير لوصف تبادل الايونات المتشابة التكافؤ في المحاليل والتي تنص علي التالي:

$$K^{I} + Na^{+} \underset{K_2}{\overset{K_1}{\rightleftharpoons}} Na^{I} + K^{+}$$

$$\frac{(Na^{I})(K^{+})}{(K^{I})(Na^{+})} = K$$

5. العوامل التي تؤثر علي امتصاص النبات للعناصر الغذائية والماء:

تتعدد العوامل اللتي تؤثر علي مقدار امتصاص النبات لكل من الغذاء (العناصر و المركبات الذائبه في المحلول الارضي) و الماء. و تنقسم هذه العوامل الي مجموعتين؛ الأولى عوامل خارجيه تتعلق بنوعيه العنصر الممتص و ظروف البيئه حول جذر النبات والثانية هي عوامل داخليه والتي تتعلق بنوع النبات نفسه و تركيبه و قدراته علي امتصاص الغذاء والماء في الظروف المختلفه (شكل 8).

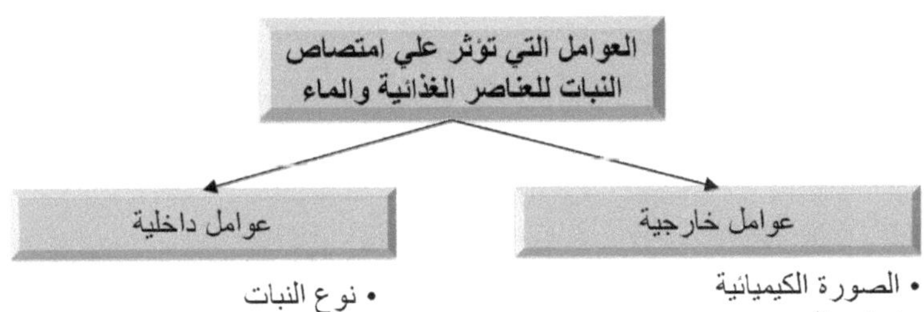

شكل 8: العوامل التي تؤثر علي امتصاص النبات للعناصر الغذائية والماء.

5.1. العوامل الخارجية:

5.1.1 عوامل متعلقة بالعنصر الغذائي أهمها

5.1.1.1 الصورة الكيمائية: التي يوجد بها العنصر الغذائي في الأرض ومدى صلاحية هذه الصورة للامتصاص. وقد أوضحنا أن العناصر الغذائية توجد بالأرض على صورة متباينة التركيب الكيميائي فبعضها في مركبات عضوية ومعروف أن النبات يمتص العناصر في صورة أيونية بسيطة في أغلب الأحوال ،ولذلك فرغم وجود مقدار كبير من النيتروجين في صورة عضوية فان النبات لا يمتص من هذا المقدار الكبير الاجزءا صغيرا يحدده قابلية النتروجين العضوي للتحول إلي صور أيونية بسيطة مثل الأمونيوم أو النترات ، وكذا الحال في الفسفور الذي قد يوجد بالأرض في صور رواسب لا يستطيع النبات امتصاص شئ منها إلا بعد أن يتحول جزء منها إلي صور بسيطة ذائبة في الماء.

5.1.1.2. تركيز العنصر: تدل أكثر الدراسات على أن مقدار ما يمتصه النبات من العنصر يزداد بزيادة تركيز الصورة القابلة للامتصاص منه ، وقد أشرنا في غير هذا المكان (شكل 4) الى قوة المحلول الأرضي والعلاقة بين تركيز العنصر والمقدار الذي يمتصه النبات منه.

5.1.1.3. نمط توزيع العنصر الغذائي في الأرض Pattern : ويتضح ذلك بوجه خاص في حالة العنصر المضاف كسماد ، فإضافته نثرا على السطح تعطى نمطا لتوزيع العنصر مختلفا كل الاختلاف عن إضافته مركزا بجوار جزر النبات أو خلطه بالأرض الى عمق معين ، وينعكس ذلك على المقدار الذي يمتصه النبات من العنصر خصوصا إذا كان من العناصر التي لا تتحرك بسهولة في الأرض مثل الفوسفور

5.1.1.4. تركيز ونوع الأملاح في بيئة النمو: من الظواهر المعروفة أن ارتفاع تركيز الأملاح ، في بيئة النمو يؤدى إلي تعطيل نمو النبات ونقص امتصاص بعض العناصر الغذائية ، ويختلف أثر الأملاح باختلاف أنواع الكاتيونات

والانيونات ، وتركيز كل منها .   كما أوضحت الدراسات نقص كمية الماء التي يفقدها النبات بالبخر ـ نتج عند الرى بماء ملحي عن تلك التي يفقدها عند الرى بماء الحنفية وازداد النقص بزيادة تركيز الأملاح كما اختلفت كميته باختلاف نوع الملح في الماء ، فكان النقص في حالة استخدام كلوريد كالسيوم > كبريتات صوديوم > كلوريد صوديوم وكان هذا النقص مصحوبا بنقص المجموع الجذري ونقص مساحة الأوراق.

5.1.2. عومل متعلقة بالبيئة:

5.1.2.1. صور وتركيز وتوزيع العناصر الغذائية الأخرى: يتأثر المقدار الممتص من عنصر ما بباقي العناصر الغذائية ، فنقص أحد العناصر الغذائية الضرورية للنبات يؤدى إلي نقص المقدار الذي يمتص النبات سن العنصر المختبر ، وللعوامل التي تؤثر على كفاية العناصر المغذية الأخرى أثر غير مباشر على قدرة النبات على امتصاص العنصر غير المختبر.

5.1.2.2. الرقم الهيدروجيني للأرض: لزيادة أو نقص الهيدروجين أثر كبير على المقدار الممتص من عدد من العناصر ، وأوضحت بعض الدراسات أن امتصاص البورون يزداد بانخفاض الرقم الهيدروجيني بينما في الأراضي الحامضية يزداد امتصاص الفوسفور بمعالجة الحموضة بإضافة كربونات الكالسيوم ، أما في لأراضى القاعدية التأثير فالأسمدة ذات التأثير الفسبيولوجى تزيد امتصاص الفوسفات.

5.1.2.3. توفر الماء: أوضحت عدة دراسات أن المحتوى الرطوبى بالأرض ذو تأثير كبير على قدرة النبات على امتصاص العناصر الغذائية ، وقد سبق أن أوضحنا دور كل من آلية النقل بالماء أو بالانتشار بالمحلول الأرضي في وصول القدر الضروري من العناصر المغذية إلي جوار الجذر ، ولذلك فدور المحتوى الرطوبى على الامتصاص له ما يبرزه.

5.1.2.4. الظروف الجوية المحيطة بالنبات: تؤثر درجة الحرارة والتهوية والرطوبة النسبية على عمليات الأيض وهى مرتبطة بالامتصاص الإيجابي

كما سبق أن أوضحنا ، كما تؤثر على النتح ، فعندما ينتج النبات مقدارا كبيرا من الماء لكل وحدة من وزنه ، فان مقدار العناصر الغذائية إلي تنتقل بواسطة آلية الانتقال الكتلى للماء يزداد مما يؤدى إلي زيادة يسر العناصر الغذائية بالانتشار.

5.2. **العوامل الداخلية:**

5.2.1. **أنواع النباتات:**

يدخل في ذلك الصفات الوراثية للنباتات التي تنعكس على التركيب العنصري لها ، وكذا نوع المجموع الجذري ودرجة نفاذية أنسجة الجذر ، بجانب العمليات الفسيولوجية التي يقوم بها النبات مثل التنفس والأيض والنتح وكذا عمر النبات وسرعة نموه وقدرته على المعيشة التكافلية مع الكائنات الأرضية الدقيقة.

والعوامل التي أشرنا إليها لا يعمل كل منها منفردا ، فالواقع أن عملية الامتصاص محصلة لعوامل كثيرة التعقيد والتداخل مع بعضها ، والتغيرات الكيميائية التي تحدث في المنطقة الملاصقة لجذور النبات أو ما أطلق عليها باربز Ryzocylender، أو ((الأسطوانة الأرضية الجذرية)) ذات أثر كبير على امتصاص العناصر المختلفة فبزيادة النتح مع توفر الماء بالأرض يزداد الانتقال الكتلى للعناصر مثل الكالسيوم مع الماء عما يمكن للنبات أن يمتصه من الكالسيوم مما يعمل على زيادة تركيز الكالسيوم حول الأسطوانة الجذرية وقد يصل التركيز في مثل هذه الحالات إلي 15 مرة عما كان ، وقد يؤثر هذا الارتفاع النسبي على يسر الفوسفور في حالة وجوده على صورة فوسفات كالسيوم وقد يؤثر على امتصاص المنجنيز والبوتاسيوم.

والامتصاص النسبي من الكاتيونات أو الأنيونات بواسطة الجذور يحدد ما إذا كان الجذر يخرج الهيدروجين ـ بدلا من الكاتيونات التي يمتصها ـ أو حامض البيكربونيك أو الهيدروكسيل بدلا من الأنيونات ، وعلى سبيل المثال فإمداد الجذر بالنيتروجين فى صورة أمونيومية يزيد ما يمتصه الجذر من الكاتيونات

فيزداد إخراج الهيدروجين مما يؤدى إلي زيادة حموضة منطقة الجذر درجة كاملة ، ويؤدى هذا الانخفاض إلي زيادة امتصاص بعض العناصر الأخرى أو نقصه حسب التحول الكيميائي الذي يحدث بالاسطوانة الأرضية الجذرية ، أما إذا كان النتروجين المتاح للنبات في صورة نترات فامتصاص الجذر من الانيونات يفوق امتصاصه من الكاتيونات ويزداد إخراج حامض الكربونيك ويرتفع الرقم الهيدروجيني في الأسطوانة الأرضية الجذرية وتحدث عدة تحولات تؤثر على صورة العناصر الغذائية الموجودة بها تحدد قدرة النبات على امتصاصها. وإضافة أحد العناصر التي تقل الكمية الموجودة منها بالأرض مثل النتروجين في الأراضي المصرية تزيد امتصاص بعض العناصر الأخرى وأحد أسباب امتصاص الفوسفور بإضافة النتروجين هو زيادة حجم المجموع الجذري.

6. الفوسفور والنبات:

يعتبر الفوسفور ضروريا للعديد من العمليات التي تحدث في النباتات ، ولكنه هناك دوران يفسران الطبيعة الهامة لهذا العنصر . وإحدى هذه الوظائف الهامة التي تؤكد على ضرورة توفر كميات كافية ومستمرة من الفوسفور ، هي كونه مكون أساسي (Chromosomes) للصبغيات ويوجد الفوسفور في هذه الصبغيات على صورة مركبين هما (deoxyribonucleic acid) الذي يعرف اختصارا DNA ومركب ribonucleic acid أو RNA اللذان يتكونان من جزيئات على شكل خيوط طويلة ترتبط مع بعضها بمجموعات فوسفات. وكأحد أعضاء هذه المركبات يساهم الفوسفور بدور هام للخاصية الوراثية للمادة البيولوجية.

وللفوسفور دور آخر ضروري جدا يشمل نقل الطاقة خلال النسيج الخلوي. وتشتق الطاقة في البداية من الأكسدة الأنزيمية للسكريات ومركبات مشابهة أخرى داخل الخلية. ويستخدم جزء من هذه الطاقة في إقامة الروابط الكيميائية عندما ترتبط مجموعات فوسفات (PO_4^{3-}) مع الادينوسين ثنائي الفوسفات (ADP) وتستخدم الطاقة المخزنة ATP فيما بعد في بعض

العمليات مثل تخليق أنسجة بنائية أو بروتوبلازمية وفى امتصاص العناصر الغذائية والماء بواسطة النبات. وعندما تفقد الطاقة المخزنة يرجع ATP إلي الأصل وهو مركب ADP وفوسفات حر.

يختلف الفوسفور عن العناصر الغذائية الأخرى من ناحية عدم تأثيره عادة على لون النبات بشكل ملحوظ عندما تكون كميته غير كافية . ويظهر لون أرجواني محمر أو وردى على سيقان أوراق بعض أصناف النباتات التي تعانى من نقص في عنصر الفوسفور ، وربما يكون ذلك أكثر شيوعا فى نبات الذرة الشامية والحشائش. أما البقوليات التي تزرع تحت ظروف نقص في عنصر الفوسفور يكون لونها في الواقع أخضر غامقا ، أو قد تأخذ أوراقها لونا أزرقا فاتحا. وتتمثل أكثر أعراض نقص الفوسفور في تقزم النبات ، وهو مظهر يصعب ملاحظته إلا في حالة وجود نباتات ذات أحجام طبيعية للمقارنة (Matar et al., 1992).

6.1. تراكم الفوسفور بواسطة النباتات:

مع وجود بعض الاستثناءات ، يعتبر امتصاص وتراكم الفوسفور والنيتروجين فى النباتات متشابها. وكما هو الحال بالنسبة للنيترجين ، فان أقصى معدل امتصاص للفوسفور يحدث قبيل ظهور أعضاء التذكير لهذا النبات. ايضا ، مثل النيتروجين ، تتم هجرة معظم الفوسفور الى الحبوب بعد ان كان متجمعا من قبل فى اوراق وسيقان النبات. ولكن بعكس نمط امتصاص النيتروجين ، يبدو ان امتصاص الفوسفور يستمر حتى يصل النبات الى مرحلة النضج ، وعند النضوج قد يكون حوالى أكثر من نصف الفوسفور الكلى موجودا فى الحبوب.

6.2 محتوى النبات من الفوسفور:

من النادر أن يكون محتوى النسيج النباتى من الفوسفور عاليا جدا ، فهو يتراوح فى العادة ما بين 0.1 و 0.4 فى المائة على أساس الوزن الجاف. ويميل الفوسفور الى أن يتركز فى مناطق النمو الأكثر نشاطا بالنبات. ولذلك يكون محتواه عند قمم السيقان فى الأوراق الحديثة التكوين أعلى منه فى النسيج القديم الذى تكون خلال مراحل النمو الخضرى. وبالاقتراب من

مرحلـة النضـوج ينقـل أغلـب الفوسفور الـى البـذور البـادئـة فى التكـوين. فى المتوسط ، يتراكم الفوسفور بتركيزات أعلـى فى البقوليات مقارنـة بالنباتـات غير البقولية. وبناء على ذلك ، فانه من الطبيعى أن تكون البقوليات أكثر حساسية لنقص الفوسفور المتيسر فى التربة.

7. العلاقة بين تغذية النبات ووفرة الماء والعناصر المغذية:

توضح البيانات فى الجدول (5) كيف أن التغير فى أى من عاملى النمو ، وهما الخصوبة ووفرة الماء المتيسر، يمكن أن يؤثر على كفاءة النباتـات فى استخدام المـاء. وتخص هذه البيانات محصول برسيم حجازى مزروع لمدة ثلاث سنوات بمنطقة يوما بولاية أريزونا. وتضم المعاملات المختلفة أربعـة مستويات من التسميد بالفوسفور وذلك عند مستويين من الرطوبة المتيسرة ، وقد تم تحقيق المعاملة الثانية بتغيير عدد مرات الريات. وجدير بالـذكر أنه فى المعاملة الجافة ، ظهرت علامات الذبول على النباتات قبل اضافة مياه الرى ، أمـا فى المعاملة الرطبة فقد كان عدد مرات الرى كافيا بحيث لم تتعرض النباتات لنقص كبير فى الرطوبة. وفى المتوسط ، بلغت كمية المـاء المضـاف فى المعامـلة الجافة 180 سم سنويا، بينما كانت 215 سم فى حالة المعاملة الرطبة. ويلاحظ أن الفاقد بالصرف كان قليلا ، كما ان معدل الأمطار كان منخفضا ، لذلك فان الماء المستهلك يعادل تقريبا كمية المـاء المضـاف عن طريق الرى. تبين نتائج هذه التجربة بوضوح أن رفع مستوى أى من الفوسفور أو المـاء المتيسر قد أدى الى زيادة المحصول الناتج.

وتمت الاشارة الى هذه النتائج فى الجدول بطريقتين: نسبة المحصول بالكيلوجرامـات الـى البخر ــــ نتح بالسنتيمترات ؛ أو سنتيمترات الماء اللازمة لانتاج طن واحد من المحصول ؛ أما فى أفضل معاملة ، فقد تم تخفيض استهلاك الماء ليصبح 15 سم للطن الواحد.

جدول 5: تاثير الفوسفور و الرطوبه علي المحصول و كفاءة استخدام الماء لمحصول البرسيم الحجازي (Standberry, 1955).

| | معاملة الري | | | | | الفوسفور المضـاف (كجم/هكتار) |
| رطبة | | | جافة | | | |
ET (سم/طن)	Y/ET (كجم/سم)	الإنتاج (طن/هكتار)	ET/Y (سم/طن)	Y/ET* (كجم/سم)	الإنتاج (طن/هكتار)	
22	46	24.9	24	42	19.3	50
19	53	28.2	21	47	21.3	100
16	62	33.4	18	57	25.8	200
15	66	35.2	17	58	26.0	400

(*) Y = الإنتاج ، ET = البخر – نتح .

تشير البيانات فى الجدول (5) الى ان الاستخدام الكفء لأى من الخصوبة أو المـاء المتيسر يعتمد على درجة توفرهما للنباتات. ويمكن التحقق من هذه العلاقة المتبادلة عند تتبع التغير فى أى من هذين العاملين على تيسر الآخر. يؤثر الماء على تغذية النباتات بعدة طرق . فهو ضرورى لتحرر وانتقال المغذيات الى الجذور وكذلك حركتها عبر وداخل النبات. كمـا ان الماء ضرورى لتكاثر وانتشار الجذور حتى تؤمن تلامس مستمر مع مصادر جديدة للمغذيات المتيسرة فى التربة لم تستغل من قبل. ويصبح نمو الجذور محدودا اذا نتج عن قلة المـاء انخفاض فى تمدد الخلية. وحتى غياب أى اجهاد مـائى ، تنتشر الجذور فى التربة الجافة بصـعوبة. ويكـون لهـذه الحقيقـة أهميـة كبـرى حيث أن الجفـاف يمنـع تخلل الجذور للتربـة السطحية التى عادة ما تحتوى على اعلي نسبة من المغذيات وفي صورة عالية التيسر. عندما يحد انخفاض مستوى المغذيات المتيسرة من تطور الجذور ، تصبح النباتات غير قادرة على الاستفادة التامة من الماء المتيسر ، ولهذا السبب قد تعانى من انخفاض فى النمو.

8. المراجع:

Barber S.A., 1984. Soil nutrient bioavailability: a mechanistic approach. New York: John Wiley & Sons, 1984.

Eranani, P.R. and Barber, S.A., 1991. Corn growth and changes of soil and root parameters as affected by phosphate fertilizers and liming. Pesq. Agropec. Bars., brasilia, 26(9):1309-1314.

Webb J.R., Eik K. and Pesek J.T., 1961. An Evaluation of Phosphorus Fertilizers Applied Broadcast on Calcareous Soils for Corn. SSSAJ. Vol. 25 No. 3, p. 232-236

Matar A., Torrent J., & Ryan J., 1992.*Soil and fertilizer phosphorus and crop responses in dryland Mediterranean zone*. Adv.Soil Sci. (18) 81-146.

Stanberry C.O., Convers H.R., Haise J.R., and Kelley O.J., 1955. *Effect of moisture and phosphate variableson alfalfa High production on the Yuma Mesa*. Soil Sci.Soc.Am. Proc. 19:303-310.